PARIS. — IMPRIMERIE CHAIX, RUE BERGÈRE, 20. — 22390-10-90.

LA

MAISON SALUBRE

ET LA

MAISON INSALUBRE

À L'EXPOSITION UNIVERSELLE DE 1889

ÉTUDE

SUR L'EXPOSITION DU SERVICE DE L'ASSAINISSEMENT

PAR

LOUIS HAVARD

PARIS
IMPRIMERIE DE CHARLES NOBLET ET FILS
13, RUE CUJAS, 13

1890

LA

MAISON SALUBRE

ET LA

MAISON INSALUBRE

A L'EXPOSITION UNIVERSELLE DE 1889

ÉTUDE

SUR L'EXPOSITION DU SERVICE DE L'ASSAINISSEMENT

PAR

LOUIS HAVARD

PARIS
IMPRIMERIE DE CHARLES NOBLET ET FILS
13, RUE CUJAS, 13

1890

La Ville de Paris avait, dans deux pavillons élevés au Champ de Mars, groupé les expositions de ses divers services. Dans l'un de ces deux pavillons, le Service de l'assainissement, le seul dont nous nous occupons ici, avait exposé une collection complète d'appareils de canalisation, d'appareils sanitaires, de spécimens d'égouts, et même des échantillons d'eaux, celles qu'on boit et celles qu'on ne boit pas. Hâtons-nous d'ajouter, en passant devant les trois réservoirs des eaux de l'Ourcq, de la Vanne et de la Seine, que la meilleure n'est pas celle qu'on boit le plus souvent, cette année surtout, où nous avons été si souvent privés d'eau de source. Les braves gens qui restaient bouche béante devant l'eau de la Vanne, plus limpide, ne se doutaient pas qu'elle n'était là que pour mieux faire ressortir l'impureté de l'eau que la Ville nous octroie.

Le Service de l'assainissement présentait aussi deux types de maisons, l'une insalubre et l'autre salubre, exagérant les défauts de la première et les qualités de la seconde, oubliant le vieux proverbe : « Qui veut trop prouver ne prouve rien. »

LA

MAISON INSALUBRE

Supposons-nous, un instant, propriétaire d'une maison signalée par l'Administration comme un modèle d'insalubrité. De petits écriteaux, où toutes les défectuosités sont signalées, et Dieu sait s'il y en a, nous édifient sur la valeur sanitaire de notre propriété et nous engagent à sortir au plus vite de cette maison, où tous les germes morbides semblent s'être réunis pour conjurer la perte de notre santé.

Mur construit en matériaux de mauvaise qualité. Humidité et salpêtre.

Nous apprenons, par les petites notices administratives que nous reproduisons ci-contre, que les murs de cette maison sont construits en matériaux de mauvaise qualité. Le fait est qu'ils suent l'humidité et le salpêtre. A moins de démolir la maison et de la rebâtir, nous n'y voyons pas de remède.

Parquet posé sur des lambourdes en-

Le parquet, posé sur des lambourdes encastrées dans la terre, sans scellement ni petit mur, miné par l'humidité,

castrées dans la terre sans scellement ni petits murs. Pas de courant d'air. Humidité constante, pourriture certaine.

COUR

Pavage défectueux, posé sans soin. Les caniveaux à ciel ouvert, dont les joints ne sont pas étanches, s'imprègnent d'ordures qui finissent par répandre de mauvaises odeurs.

SIPHON DE COUR

Mauvaise disposition du siphon; s'encrasse facilement, débite difficilement les eaux et finit par laisser pénétrer les odeurs de l'égout.

FONTAINE SUR ÉVIER

L'eau est contaminée par les odeurs qui peuvent régner dans la pièce par la stagnation des eaux sales dans le seau placé sur l'évier. Ce seau, qui contient souvent des matières grasses, n'est vidé que lorsqu'il est plein; il peut même se produire des débordements.

ÉVIER SUR CUISINE

Alimentation d'eau directe; il n'existe pas de robinet d'arrêt sur la conduite. L'orifice de vidange n'est pas obturé. Les eaux sales sont rejetées dans une gargouille sous trottoir. Mauvaises odeurs dans la rue et dans la maison.

plie sous le poids des gens. Vous répondrez qu'il est facile de refaire les lambourdes sur petit mur avec scellement, avec des prises d'air pour chasser l'humidité, sans qu'il soit nécessaire de refaire le parquet à point de Hongrie : ce qui, du reste, n'ajouterait rien à la salubrité de la maison.

Le Service de l'assainissement signale aussi le triste état de la cour, dont il serait cependant facile de réparer le pavage défectueux et posé sans soin; les gens de service devraient balayer les caniveaux, remplis d'ordures. Nous savons bien qu'on nous répondra que ceci n'engage pas à fond la salubrité d'une maison, et qu'il pourrait arriver, même dans une maison salubre, qu'un paveur négligeât son travail, et que les gens fussent sales. Que répondre à une réplique aussi juste?

Rien à dire sur le siphon de cour, sinon qu'il serait bien facile de l'enlever et de le remplacer par un autre qui fonctionnerait convenablement. Affaire de choix du siphon, de surveillance du travail, et non de principe d'hygiène.

Passons maintenant à la cuisine. Nous y voyons plusieurs spécimens d'éviers. Un, tout d'abord, installé dans les plus mauvaises conditions, avec seau pour recevoir les eaux graisseuses; objet d'une surveillance continuelle, ce seau est sujet à de fréquents débordements, et, de plus, par les émanations qu'il répand, il contamine l'eau de la fontaine. Cette installation n'est pas aussi générale qu'on pourrait le craindre, et rentre fort heureusement dans les exceptions.

Voici un autre évier, supérieur au précédent, et que l'Administration eût pu rendre tout à fait salubre, et cela à peu de frais. Pourquoi pas de robinet d'arrêt sur la conduite? Le prix n'en est pas si élevé qu'on ne puisse en installer un. A la rigueur, dans une maison où l'on viserait à l'économie, un seul robinet d'arrêt, placé au bas de la colonne montante, suffirait en cas de réparation; les réparations aux robinets de distribution ne sont pas si longues qu'on ne puisse se contenter d'un seul robinet d'arrêt. En somme, ceci n'est que secondaire, et nous avouons ne pas saisir le rapport qui peut exister entre la salubrité d'une maison et la présence d'un robinet d'arrêt.

Nous ne discutons même pas la seconde partie de la notice; aucune ménagère, ayant l'odorat un peu sensible, ne supportera un évier non obturé, devrait-elle en fermer elle-même l'orifice avec un bouchon quelconque. Quant aux eaux sales, nous demandons à l'Administration le moyen de nous en débarrasser. Nous ne pouvons pas, cependant, les garder dans nos habitations. Si nous les envoyons dehors, il y aura de mauvaises odeurs dans la rue; si nous les envoyons dans les égouts, il y en aura encore. Que faire, alors? Si l'Administration connaît un moyen, qu'elle veuille bien, par désintéressement, en faire profiter ses administrés.

ÉVIER AVEC ORIFICE A BOUCHON

L'orifice d'évacuation de cet évier est simplement fermé par un bouchon qu'on retire pour les services journaliers. Il y a donc communication à peu près constante entre la cuisine et les tuyaux de descente, dont les parois, chargées de matières grasses qui se décomposent, répandent dans le logement ces odeurs écœurantes si pénétrantes et si désagréables.

Le troisième genre d'évier ne diffère des autres que par le bouchon qui en ferme l'orifice. Nous croyons que le Service de l'assainissement aurait pu faire l'économie de cet exemple en le confondant avec le précédent. A notre avis, il serait préférable d'employer une bonde siphoïde, à la condition qu'on augmenterait sa plongée d'eau en approfondissant la bonde d'un à deux centimètres. Nous sommes surpris même que les fabricants n'aient pas modifié leurs modèles dans ce sens. On posséderait ainsi des bondes siphoïdes ayant les avantages du siphon sans en avoir les inconvénients.

URINOIR

Emplacement mal éclairé et mal ventilé, à proximité de la cuisine.

Revêtement en ardoise présentant des joints mal établis. Le

Avant de passer à l'examen des autres installations, signalons un urinoir que nous reconnaissons aussi mal placé que possible, et construit dans de mauvaises conditions : question de travail et d'agencement, il est vrai, et non de salubrité; puis une bonde siphoïde placée au ras du sol et destinée à recevoir les eaux de lavage de la cuisine, mais qui n'a jamais existé, croyons-nous, que dans l'imagination des fonctionnaires de l'Assainissement.

Si nous passons maintenant à l'examen des différents

filet d'eau, quand on le laisse couler, n'est pas suffisant pour laver les dalles et le caniveau ; les urines circulent à air libre dans la pièce et dans la cour avant d'être évacuées; le sol, formé d'un enduit de mortier de ciment, est bientôt imprégné et répand des odeurs insupportables.

LAVABO

La vidange n'est pas siphonnée. Les odeurs de l'égout pénètrent dans la pièce par cette voie et par le trop-plein des cuvettes. La jonction des tuyaux à angle droit nuit à l'écoulement des eaux. Le soudure mal faite retient les matières savonneuses.

TOILETTE AVEC SEAU

Par oubli ou par négligence, les eaux de toilette ne sont vidées que de loin en loin. Elles vicient l'air de la chambre. Projections sur le plancher.

BAIGNOIRE

Baignoire ordinaire se remplissant au seau. Le parquet est insuffisamment protégé par le terrasson en plomb. Le tuyau

lavabos signalés comme insalubres, nous croyons que l'Administration paraît plus préoccupée de nous montrer des appareils qui pèchent moins par leur construction en elle-même que par la manière dont ils sont installés. On se fait cette réflexion : qu'il faudrait bien peu de chose pour les rendre salubres.

A quoi tend, alors, cette démonstration, qui veut paraître péremptoire, et qui n'est que puérile ?

Voici un lavabo qui n'est pas siphonné; ce n'est peut-être pas son plus grand défaut; mais pourquoi le munir d'un trop-plein dont on ne s'explique pas la fonction. En effet, ce lavabo se remplit à la main ou, le plus souvent, au moyen d'un robinet à genouillère qui, s'il venait à fuir, inonderait le parquet avant de verser une seule goutte d'eau dans la cuvette. Il est facile d'éviter la jonction des tuyaux à angle droit ; on doit veiller à ce que les nœuds de soudure soient bien faits. Qui donc nous assure que la soudure sera mieux faite dans la maison salubre? Les exemples de nœuds de soudure qu'on nous montre semblent avoir été spécialement confectionnés pour les besoins de la cause. Un nœud de soudure mal fait ne présentera jamais une section semblable à celle que nous offrent ces exemples ; un ouvrier maladroit n'y parviendrait qu'avec beaucoup d'adresse.

Tout le monde est d'accord pour proscrire les lavabos dont le seau, vidé de loin en loin, vicie l'air de la chambre. Enfin, voici un lavabo avec siphon en D qui conserve à l'intérieur toutes les ordures. Nous n'étonnerons personne en disant qu'il n'y a à Paris que peu ou point de lavabos munis de ce siphon, détestable d'ailleurs.

Jetons un coup d'œil sur une baignoire dont l'installation, incomplète et défectueuse, peut être facilement rendue excellente. Il est rare, quand on possède une baignoire, serait-elle placée dans l'endroit le plus reculé de l'appartement, qu'on n'ait pas une canalisation qui amène l'eau au-dessus de la baignoire. A la campagne, on peut avoir une salle de bains assez vaste. On a généralement de grands espaces, des buanderies, où il est facile de faire chauffer l'eau en grande quantité, et c'est plutôt dans ce cas-là qu'on fera usage du seau. Dans les grandes villes, à Paris surtout, où les appartements sont généralement petits, il faut que la baignoire soit munie d'un appareil qui assure l'arrivée d'eau chaude. Avec nos cuisines si resserrées et nos fourneaux si étroits, on ne peut compter sur des bouilleurs assez grands pour chauffer la quantité d'eau nécessaire pour un bain. En tout cas, éviter l'emploi du seau, qui est pénible et incommode, sera le but de tous ceux qui voudront se payer le luxe d'une baignoire. Il est toujours facile de garantir le parquet au moyen d'un terrasson convenablement installé; on peut supprimer la boîte coupe-air, qui retient les matières savonneuses, et la remplacer par un tuyau d'un débit convenable qui permette la vidange rapide de la baignoire. Si le tuyau de vidange n'est pas en communication directe avec l'égout, le siphon placé immédiatement à la sortie de la baignoire devient inutile, car la soupape de fermeture empêche les émanations de remonter dans l'appartement. De plus, l'eau du bain nettoiera complètement le drain et le rendra propre et salubre.

de vidange est muni d'une boîte d'interception dite coupe-air, où les matières grasses et savonneuses s'accumulent, se décomposent, et donnent lieu à des émanations qui se répandent dans la pièce quand la baignoire est vide.

Les plombs d'étage, qu'ils soient à charnières, tournants, en forme d'écope, etc., ne valent rien au point de vue hygiénique. A ce point de vue, leur procès n'est plus à faire. Il est cependant juste d'ajouter qu'ils nuisent moins par eux-mêmes que par le mauvais usageq u'on en fait. Il est évident que des personnes soigneuses éviteraient les projections d'eaux sales contre les murs et tiendraient ces appareils dans un état de propreté relative; mais c'est trop demander à la nature humaine, plutôt encline à l'indifférence, même quand son bien-être et sa santé dépendent de sa seule volonté. Les mêmes désagréments se présenteront avec les vidoirs réputés

PLOMB D'ÉTAGE

Cette sorte de plomb est tellement connue, qu'il n'est pas besoin d'en faire le procès. On y projette également et les eaux ménagères et les urines, souvent les matières fécales. Il s'en dégage des odeurs épouvantables, les impuretés collent à ses parois en dépit des lavages d'ailleurs insuffisants. Des projections maladroites ou intéressées salissent les murs d'à côté.

2

les plus salubres, et ce ne sera pas le siphon dont ils seront munis qui les sauvera de ce défaut.

DESCENTE D'EAUX MÉNAGÈRES EN FONTE

Mauvaise disposition des joints; le tuyau n'est pas prolongé au-dessus du toit; les raccords avec branchements d'eau en élévation faits dans l'épaisseur du mur, et, comme ils sont souvent mal établis, les odeurs envahissent les maçonneries et empestent les appartements. Les eaux ménagères, souvent mélangées d'urines, aboutissent au sol, et l'écoulement se fait dans le caniveau à ciel ouvert.

Dans toute descente d'eaux ménagères ou de vidanges, il est indispensable de veiller à la bonne disposition des joints, de faire les raccords de branchements à l'extérieur des murs et d'éviter que les eaux ne s'écoulent à caniveau ouvert. Ces prescriptions, qui peuvent paraître inutiles, ne sont pas toujours suivies, s'il faut en croire la notice administrative. Il faut cependant s'y conformer, dans l'intérêt de la salubrité d'une maison; la chose est facile quand il s'agit d'une construction neuve. Dans une maison déjà vieille, on peut admettre qu'un pareil état de choses persiste; mais il est facile, par des remaniements partiels, bien étudiés et peu coûteux, de le faire disparaître, au moins en partie.

S'il est, dans une habitation, une installation qui exige tous les soins de l'architecte et de l'entrepreneur pour le choix judicieux des appareils et leur pose irréprochable, c'est celle des cabinets d'aisances. Au commencement du siècle, les water-closets n'étaient rien moins que confortables. C'est surtout depuis trente ou quarante ans, et jusqu'à ces dernières années, que de grands progrès ont été accomplis dans la fabrication des appareils hygiéniques. Mais, depuis les arrêtés des 10 novembre 1886 et 20 novembre 1887, la question est fermée. Par ses règlements quelque peu draconiens, l'Administration étouffe toute initiative. Si, encore, on était certain que l'Administration, avant d'imposer ses idées, s'était, pour l'élaboration de ses règlements, entourée, avec un soin jaloux, de tout ce qui pouvait l'éclairer sur la valeur de tel ou tel système! Il est à craindre qu'avec le parti pris que manifeste le Service de l'assainissement, on ne se soit fourvoyé, et qu'on ait établi tout un système sur des données purement théoriques. En France, on réglemente tout, et celui qui n'assainit pas selon les règlements ne peut assainir. Hors les règlements, pas d'hygiène. C'est de l'arbitraire. Car sur quel principe l'Administration s'appuie-t-elle pour nous convaincre de son infaillibilité ? Au nom de quelle autorité impose-t-elle tel système contre tel autre qu'elle est seule à juger ? Au nom des règles de l'hygiène ? Mais a-t-elle seule le pouvoir de les définir ? Qu'elle reste dans son rôle, qui consiste à formuler, par des règlements libéraux, les opinions librement émises des hygiénistes et des architectes.

Quand on veut strictement appliquer les règles d'hygiène, on se heurte à des difficultés qu'on n'avait pas prévues. De là des inconséquences dans l'application des règlements administratifs. Ainsi, pour l'évacuation des vidanges, le Service de l'assainissement condamne en théorie ce qu'il est obligé d'admettre en pratique.

FOSSE D'AISANCES

La fosse d'aisances, construite en maçonnerie de meulières et ciment, est placée partie sous le bâtiment et partie sous le sol de la cour. Son ouverture d'extraction, fermée par un tampon en pierre, est établie immédiatement au-dessous des croisées de l'habitation. La fosse est généralement peu étanche; elle infecte le sous-sol et laisse filtrer jusqu'à la nappe souterraine des germes morbides qui la rendent malsaine et impropre à tous les usages.

Depuis les nouveaux règlements, il faut choisir entre le système dit du « tout à l'égout » et les fosses fixes. Le système diviseur, par l'arrêté du 20 novembre 1887, se confond avec le tout à l'égout. Il ne peut donc plus en être question. Le tout à l'égout n'est pas accepté de tous sans discussion. Nous avons déjà dit, dans une précédente brochure, quelles sont les causes qui empêcheront de longtemps, à Paris, la généralisation de ce système. Nous y reviendrons incidemment dans la seconde partie de cette étude.

Quand on ne veut pas du tout à l'égout, il faut se résoudre à établir des fosses fixes, qui ne sont peut-être pas aussi pernicieuses qu'on veut bien le dire, si on les compare aux résultats que peut donner le système du « tout à l'égout », établi, avec peu d'eau, sur des égouts défectueux. Il est démontré par l'expérience qu'une fosse construite en maçonnerie de meulières et ciment de 45 ou 50 centimètres d'épaisseur, ou en béton bien comprimé de ciment romain, sera étanche et ne laissera filtrer aucun germe morbide dans le sol.

Un architecte soucieux de sa réputation choisira avec discernement l'emplacement convenable de la fosse, et évitera (c'est une recommandation un peu naïve que fait le Service de l'assainissement) de placer l'ouverture d'extraction de la fosse immédiatement au-dessous des croisées de l'habitation et d'ouvrir des jours de souffrance servant à l'aération des cabinets à proximité d'une fenêtre de cuisine.

TUYAU DE CHUTE

Le tuyau de chute n'étant pas prolongé au-dessus du toit à l'air libre, les émanations qui remontent de la fosse ne peuvent trouver une issue naturelle que par le cabinet d'aisances du dernier étage.

C'est encore un cas particulier que nous présente l'Administration. Les tuyaux de chute sont généralement prolongés au-dessus du toit, à l'air libre. De cette façon, le cabinet d'aisances du dernier étage est à l'abri des gaz qui pourraient remonter de la fosse.

VENTILATION

La fosse est pourvue d'un ventilateur qui débouche au-dessus du toit. Construit pour éviter les explosions, il sert, quand la pression atmosphérique est forte, à répandre dans l'air des gaz infectieux que les vents chassent dans les quartiers élevés, et, quand la pression est faible, à faire monter dans la maison, par le tuyau de chute, ces mêmes effluves.

Ceci nous amène à la question de la ventilation des fosses fixes : problème qui, à cause des difficultés qu'il présente, n'a pas encore été résolu. Si tout le monde est convaincu qu'il faille ventiler les fosses pour assurer la sécurité des ouvriers qui les vident, les avis sont au contraire très partagés quand il s'agit de déterminer les conditions qui doivent présider à l'installation des tuyaux de ventilation. Il arrive parfois que, tout en observant les lois physiques, on arrive à des résultats tout à fait opposés à ceux sur lesquels on comptait. Certains prétendent que la colonne d'air du tuyau de chute ne produit aucune pression sur les gaz de la fosse, qui, dès lors, ne remontent pas plus rapidement dans le tuyau de ventilation ; c'est un simple mélange d'air ambiant et de gaz de la fosse qui s'opère. D'autres, se basant sur la loi de Mariotte, qui dit que « le volume des gaz est en raison inverse des pressions qu'ils supportent », admettent que les gaz, chassés par le volume d'air du tuyau de chute, établissent dans le tuyau de ventilation un courant permanent. Mais il peut arriver, objectera-t-on, que, par suite de certaines circonstances météorologiques (brouillard, neige, etc.), l'équilibre soit rompu entre la pression de la fosse et la pression extérieure. Cet inconvénient, insensible avec des cuvettes à effet d'eau, ne se produirait pas avec une fosse non ventilée. En effet, on a remarqué que les tuyaux de chute des fosses non ventilées ne donnaient que peu ou point d'odeurs. Cela tient à ce que les matières, étant à l'abri de l'air, entrent moins rapidement en décomposition. Mais, pour le cas plus réglementaire des fosses ventilées, on a essayé d'un grand nombre de moyens qui semblent avoir donné des résultats satisfaisants. Nous n'entrerons pas dans la description de ces moyens : ce serait dépasser le cadre de cette étude. Nous renvoyons ceux qui voudraient étudier cette question plus à fond au remarquable rapport (bien qu'il y ait de cela plus de trente ans) rédigé, à la demande du ministre de l'intérieur, par MM. Fontanes, Grassi, Parchappe, Vée, Trébuchet, Domergue, Laval, Letellier-Delafosse, Darroux et Bayard, sous la présidence de M. Watteville. Mais, encore une fois, la question est très complexe, et l'on peut dire, sans blesser personne, que ce n'est pas la notice administrative qui la fera avancer d'un pas.

VIDANGE

Pompe et appareils pour la vidange de la fosse; le tuyau de refoulement traverse les locaux. Le coût élevé de la vidange amène le propriétaire à restreindre, autant qu'il le peut, la consommation d'eau, d'où lavage insuffisant des cabinets.

Nous admettons que la vidange n'est pas une opération agréable pour les habitants d'une maison. Cependant, il faut convenir que c'est un inconvénient assez léger, d'autant plus qu'il ne se présente que de loin en loin. Quant au grief tiré du coût élevé de la vidange, qui amène le propriétaire à restreindre la consommation d'eau, il ne supporte pas l'examen. La vidange coûte 4 fr. 50 cent. le mètre cube; pour une fosse de dix mètres (ce qui suppose une maison de dix ménages environ), cela fait 45 francs; il faut compter, en outre, 4 francs de levée de pierre, soit, au total, 49 francs. Voilà donc une dépense fixe et annuelle bien au-dessous de celle que coûterait, pour la même maison, l'évacuation des vidanges par l'égout. Avec le tout à l'égout, la redevance annuelle due à la Caisse municipale est de 30 francs par chute pour les loyers au-dessous de 500 francs, et 60 francs pour ceux au-dessus. A cette somme fixe il faut ajouter les frais d'établissement, qui sont plus élevés que pour les fosses fixes, et le prix de la consommation d'eau, qui peut, avec le gaspillage, devenir très élevé.

Il est difficile d'admettre que le propriétaire restreigne de son propre gré la consommation de l'eau, de façon à rendre le lavage des cabinets insuffisant. C'est bien facile à comprendre. Le propriétaire d'une maison à loyers élevés sera forcé, s'il veut louer convenablement ses appartements, d'apporter dans l'installation des cabinets un confortable en raison de celui des appartements. Son intérêt l'y pousse. La fosse se remplira plus vite, les frais de vidange seront plus considérables, c'est possible, mais tous ces frais sont prévus et entrent en compte dans l'établissement des prix de location des appartements.

Dans les maisons plus modestes, le propriétaire hésitera évidemment à établir des cabinets peu en rapport avec l'installation générale des appartements. Est-on bien sûr que les petits propriétaires se prêteront de bonne grâce au gaspillage de l'eau et, par suite, à une dépense qu'ils n'avaient pas prévue? La question pécuniaire ne devrait pas intervenir quand la salubrité est en jeu, mais il faut cependant compter avec elle. Il serait si aisé, avec une installation bien comprise, d'avoir des cabinets salubres. Un appareil simple, sans eau, à la rigueur, de bonne fabrication, peut être considéré comme sanitaire, pourvu que les personnes qui s'en servent journellement aient un peu le sentiment de la propreté. Avec un broc, toujours rempli d'eau, on versera dans l'appareil, après chaque service, une certaine quantité d'eau qui le rendra complètement inodore. Nous nous servons, depuis de longues années, d'un appareil établi dans ces conditions, et nous le jugeons plus hygiénique que certains appareils à chasse d'eau prétendus sanitaires, sur les défauts desquels nous aurons l'occasion de nous étendre dans la seconde partie de cette étude.

Il existe une catégorie d'appareils spécialement affectés aux cabinets communs à plusieurs locataires : ce sont les sièges à bascule disposés pour monter. Nous ne voulons pas opposer au parti pris administratif le même esprit exclusif, en donnant comme modèles d'hygiène les sièges communs. Nous sommes, sur ce point, d'accord avec le Service de l'assainissement. Mais on peut éviter le mauvais fonctionnement de ces appareils par le choix de sièges de bonne fabrication. Nous avons vu des sièges à bascule qui avaient convenablement fonctionné pendant vingt ans : c'est dire que l'oxydation d'un mécanisme en cuivre est lente.

Dans l'installation des cabinets communs, on doit rechercher ce qui peut donner en pratique les meilleurs résultats. Tout le monde connaît le triste état des cabinets communs, même de ceux qu'on nous offre comme des modèles d'installation. Ce n'est certes pas un endroit où l'on aime à faire de longues stations. Chose triste à dire, il sera bien difficile qu'il en soit autrement. Certains individus ne peuvent pas se faire aux habitudes de propreté, qui sont cependant la garantie de la santé. Ce n'est pas le changement de système qui fera disparaître le mal. Mais le remède, si léger qu'il soit, doit être appliqué; on doit rendre la propreté des cabinets communs aussi satisfaisante que possible par des lavages automatiques. Quand nous parlons de lavages automatiques, nous entendons des lavages mesurés, déterminés par le séjour de la personne sur le siège. De cette façon, la chasse d'eau ne se produit qu'au moment où elle est nécessaire, et non dans l'intervalle de deux services : ce qui est un gaspillage d'eau inutile et souvent sans effet. On voit, par ce rapide exposé, qu'on peut, avec plus d'économie qu'avec les appareils à chasses d'eau automatiques, obtenir des cabinets que le Service de l'assainissement reconnaîtrait comme salubres, s'il pouvait sortir des bornes étroites de ses règlements.

Nous passerons sur les détails d'installation que l'Administration nous signale comme défectueux, tels que le plomb du sol détérioré par l'usure, les revêtements qui s'imprègnent

CABINET D'AISANCES

Siège en fonte à bascule disposé pour monter. Absence à peu près complète d'eau, et, par suite, fermeture insuffisante du trou de chute. D'ailleurs, au bout de quelque temps, le mécanisme s'oxyde et fonctionne mal. Les papiers et ordures empêchent la soupape de se fermer. Pendant tout le temps que l'on fait usage du cabinet, ouverture béante de l'orifice et communication immédiate de l'air ambiant avec l'atmosphère empestée de la fosse; le sol en plomb, détérioré par l'usure, laisse filtrer les urines, qui attaquent les plafonds. Les revêtements en ciment s'imprègnent également d'urine et répandent de mauvaises odeurs.

d'urine et de mauvaises odeurs, etc. Rien n'est plus facile que de remédier à ces inconvénients. Il n'est pas nécessaire d'être grand clerc en hygiène pour savoir que ceci n'engage en rien la salubrité de tel ou tel système.

L'éclairage et le chauffage ne sont qu'incomplètement présentés.

BEC DE GAZ

Le gaz, en brûlant, absorbe l'oxygène de l'air. Pas de dégagement aux produits de la combustion, qui se mêlent en proportions plus ou moins nuisibles à l'air environnant.

Voici un bec de gaz ordinaire. Ainsi que tout le monde le sait, le gaz, en brûlant, absorbe l'oxygène de l'air. Les produits de la combustion, ne trouvant pas d'issue à la partie supérieure du fumivore, se mêlent en proportions plus ou moins nuisibles à l'air environnant. Ceci est indiscutable. On n'a qu'à séjourner pendant quelques heures dans un local éclairé au gaz pour s'en convaincre. Qui n'a pas ressenti, dans les salles de spectacles, alors qu'elles étaient éclairées au gaz, ce malaise indéfinissable qui enlève toute énergie, arrête les fonctions digestives, et peut même provoquer des indispositions plus graves?

C'est un commencement d'asphyxie. On peut, dans une certaine mesure, atténuer ces fâcheux effets par une bonne ventilation du local. Nous verrons le remède que propose l'Administration pour les becs de gaz installés dans les appartements. Là, le danger est moindre, car le gaz n'est pas, sauf pour le vestibule et la cuisine, un éclairage d'appartement.

CHEMINÉE

Cheminée privée de prise d'air; manque, par conséquent, de tirage; la fumée revient dans la pièce.

L'Administration ne nous présente pas un type de chauffage en nous disant : Cet appareil est malsain pour telle ou telle cause. C'eût été long, mais certainement très instructif. Le Service de l'assainissement a préféré parler pour ne rien dire : c'est une façon habile de ne pas se tromper, mais qui n'apprend rien. Le mode de chauffage qu'il présente est défectueux, non par lui-même, mais par les conditions dans lesquelles il est établi; un rien, donc, pourrait lui rendre les conditions normales suivant lesquelles il doit fonctionner.

Tel est, esquissé à grands traits, le type que nous donne

le Service de l'assainissement d'une maison insalubre. Nous allons maintenant examiner, toujours d'après les exemples mis sous nos yeux, la valeur des systèmes que le Service de l'assainissement regarde comme indispensables dans un modèle de maison salubre.

LA

MAISON SALUBRE

Il était à prévoir, après l'examen de la maison insalubre, dont on avait exagéré à plaisir le caractère d'insalubrité, que le Service de l'assainissement tomberait dans l'excès contraire en voulant trop parfaire son modèle de maison salubre. Les exemples choisis peuvent parfois posséder des qualités réelles, mais pourquoi les gâter par une recherche inutile de détails qui n'ont souvent qu'un rapport trop lointain avec la salubrité? Dès le seuil de la maison salubre, on s'en convainc. Que peut faire, en effet, au point de vue hygiénique, qu'un parquet soit à point de Hongrie? Croit-on vraiment que les habitants s'astreindront à soulever les fusées du parquet pour nettoyer les entrevous? Ceci ne se discute même pas.

PARQUET

En chêne, à point de Hongrie; les fusées, démontables, sont assemblées sur des languettes en fer. Démontage très facile et, par conséquent, facilité de visiter et de nettoyer les entrevous.

La cuisine, nous dit la notice, est pourvue d'eau de source. Nous savons malheureusement à quoi nous en tenir là-dessus. L'Administration ne trouvera pas mauvais que

CUISINE

Eau de source.

L'évier est pourvu d'un tuyau de décharge avec siphon obturateur à fermeture constante et ventilée. Regard de visite sur le siphon pour les nettoyages.

nous considérions cet avis comme un désir, mais pas comme une réalité. Cette notice était faite pour la galerie, et non pour nous autres, Parisiens, bercés depuis si longtemps par cette fastidieuse question des eaux. Il eût mieux valu ne rien mettre du tout, car, si on a voulu s'amuser un peu aux dépens du public, ce dernier pourrait, lui aussi, prendre moins au sérieux les instructions qu'on lui donne.

En hygiène, comme en toutes choses, d'ailleurs, on doit rechercher les améliorations susceptibles d'augmenter la valeur des appareils mis en usage. Toutes les recherches des hygiénistes doivent tendre vers ce but. Mais, une fois en possession des moyens propres à assurer cette amélioration recherchée, il faut savoir en disposer avec discernement. Que dirait-on d'un médecin qui administrerait à ses malades un remède énergique, sans en limiter la dose, sous prétexte qu'il est excellent? Il risquerait fort de les rendre plus malades. Il ne faut pas, comme on dit, abuser des meilleures choses. C'est cependant ce qui arrive pour le cas qui nous occupe. « Siphonnez, siphonnez, si vous voulez faire de l'hygiène », nous dit le Service de l'assainissement. Si tel est aussi votre avis, vous serez tous satisfaits, car on a mis des siphons partout, sous les éviers, les lavabos, les vidoirs, etc. Loin de nous la pensée que les siphons ne peuvent rendre aucun service ! Mais ils sont un peu comme certains remèdes dont il ne faut user qu'avec prudence. Si l'on ne veut pas qu'ils soient plus nuisibles qu'utiles, il faut savoir les choisir et les installer suivant certaines règles qui exigent des connaissances théoriques et pratiques que tout le monde peut ne point posséder.

Tout siphon doit, pour donner toute sécurité, avoir une plongée d'eau suffisante. Il doit être muni d'un tuyau de ventilation qui assure cette plongée d'eau contre les causes qui pourraient la briser. Nous nous étendrons plus loin sur ce sujet, quand nous étudierons les water-closets. Enfin, quand le siphon est placé sous un évier, lavabo ou vidoir, un regard de visite, placé à la partie inférieure, est nécessaire pour enlever les matières graisseuses ou savonneuses qui s'y amassent. Cette opération, peu pratique d'ailleurs, sera le plus souvent abandonnée aux gens de service, qui s'en tireront comme ils pourront. Cet inconvénient se présentera d'autant plus fréquemment avec ces siphons d'éviers, lavabos et vidoirs, qu'à leur forme naturellement contournée vient s'ajouter leur faible dimension.

LAVABO

Installation complète de trois cuvettes réunies sur un même tuyau de vidange, tamponné à son extrémité, afin de permettre les visites et les nettoyages éventuels. Alimentation directe et trop-plein. La conduite de décharge de chaque cuvette est munie d'un siphon obturateur à fermeture constante. Les trois siphons sont aérés au moyen d'un ventilateur spécial prenant l'air extérieur et fermé par une valve de mica mobile.

Le Service de l'assainissement n'a pas le mérite de l'exemple suivant. Il en est de même pour tous, d'ailleurs. Cette installation de lavabos, réunis sur une seule rangée, a été exactement copiée sur un modèle d'un fabricant étranger.

Chaque cuvette a son propre siphon ventilé; la chose est indispensable pour empêcher le siphonnage. Le tuyau de ventilation, qui va prendre l'air extérieur, est fermé par une valve de mica. Les trois cuvettes sont réunies sur un même tuyau de vidange, tamponné à son extrémité pour permettre les visites et les nettoyages : ce qui laisse supposer des engorgements éventuels. Cette disposition de lavabos vaut certainement la peine qu'on l'examine, mais sa valeur sanitaire est diminuée par la complication du travail qu'une telle installation exige. Un seul siphon, placé à l'extrémité du tuyau principal, sous la première cuvette, suffirait, quand la rangée de lavabos n'est pas trop longue, pour protéger dans une certaine mesure l'appartement contre la rentrée des gaz. La quantité de matières savonneuses étalée sur les parois du tuyau de vidange ne dépassera que de peu celle amassée dans les siphons et dans la partie du tuyau comprise entre le siphon et le fond du lavabo. Puis, la soupape de fermeture de la cuvette est forcément d'un diamètre réduit, d'où facilité d'obtenir une fermeture parfaitement hermétique. De plus, à chaque usage du lavabo, l'eau chasse devant elle les gaz qui tendraient à remonter. Ainsi, comme nous le disions en commençant, cette installation, d'une valeur parfaite en théorie, offre dans la pratique des complications qui en rendent l'installation générale difficile.

Le Service de l'assainissement nous offre, pour les cabinets d'aisances, une installation complète du « tout à l'égout ». L'appareil se compose d'une cuvette munie d'un siphon, dans lequel on envoie, au moyen d'un réservoir de chasse, une quantité déterminée d'eau, destinée à entraîner toutes les matières. La plongée d'eau du siphon est la seule barrière qui existe entre l'air extérieur et le tuyau de chute.

CABINET D'AISANCES

Le siphon placé sous la cuvette est raccordé sur la chute placée extérieurement au moyen d'un tuyau de plomb. Le joint de la décharge du réservoir est raccordé avec la cuvette par une pièce en caoutchouc. La cuvette et le siphon reposent sur un terrasson en plomb recouvrant toute la largeur du cabinet; la pente est inclinée vers l'extérieur, avec dégagement à travers le mur au moyen d'un petit tuyau de plomb qui servirait à l'évacuation des eaux s'il se produisait une fuite. Les accidents de cette nature sont ainsi révélés dès qu'ils se produisent et peuvent être réparés avant qu'ils aient occasionné des dégâts.

Le siège en bois est amovible, afin de faciliter les soins de propreté et d'entretien.

Trois causes principales peuvent briser cette fragile barrière : le siphonnage, puissance d'aspiration de l'eau à travers le tuyau sur lequel le siphon est branché; le *momentum*, ou force de chasse de l'eau à travers le siphon; l'évaporation, qui affecte rapidement les siphons des appartements vacants pendant la saison d'été.

On remédie, dans une certaine mesure, à ces graves inconvénients, par la ventilation du siphon. Mais la ventilation du siphon, pour être d'un effet utile, doit être faite suivant des règles bien étudiées. Il est arrivé, surtout pendant les temps d'orage, que des siphons ventilés, mais ventilés d'une façon défectueuse, ont eu leur plongée brisée par le refoulement de l'air dans les tuyaux. Il y a, dans la plomberie, certains côtés scientifiques qui demandent un peu d'étude.

Aux trois causes principales ci-dessus énoncées, susceptibles de briser la plongée d'eau d'un siphon, viennent s'en ajouter d'autres. Il y a tout lieu de craindre que des engorgements ne se produisent avec des tuyaux dont le diamètre peut varier, d'après les règlements, de 8 centimètres au minimum à 16 centimètres au maximum. Il a été dressé une liste des rues de Paris où le tout à l'égout est autorisé. Il est telles de ces rues, cependant, où, malgré l'autorisation municipale, l'application de ce système de vidange serait impraticable, à cause de la trop grande distance qui existe entre l'entrée du drain et l'égout.

La notice administrative ne dit pas que le réservoir de chasse envoie dans le siphon, à chaque service, une quantité de dix litres d'eau. Le règlement établi par arrêté préfectoral du 10 novembre 1886 dit que : « Tout cabinet d'aisances (en cas d'évacuation directe à l'égout) devra être muni de réservoirs ou d'appareils branchés sur la canalisation, permettant de fournir dans ce cabinet une quantité d'eau de dix litres au minimum par personne et par jour. » En fixant au minimum la dépense d'eau à dix litres par personne et par jour, l'arrêté préfectoral n'a pas eu la prétention, nous l'imaginons, de limiter le nombre de fois qu'on doit faire usage du closet. Ce n'est donc pas sur une quantité tout à fait insuffisante de dix litres d'eau qu'il faut établir les données du problème, mais sur cinquante litres au minimum, si l'on ne veut pas avoir de mécompte. Nous sommes loin de compte avec les prévisions administratives. A cette dépense d'eau il faut encore ajouter celle provenant des fuites du flotteur des réservoirs de chasse. Les flotteurs, si bien construits qu'ils soient, fuient, après un service très court, soit par les vices inhérents à leur nature même, soit par des causes physiques qu'il serait trop long d'examiner ici. Sans quitter l'Exposition, il était facile de s'en convaincre en examinant quelques-uns de ces appareils. La Ville de Paris est-elle en mesure de faire face au gaspillage de l'eau? On peut répondre hardiment : non. Voilà donc une cause, toute locale, il est vrai, qui devrait s'opposer à la généralisation du tout à l'égout. Pour ne pas renoncer au système de son choix, l'Administration n'hésite pas, chaque été, à substituer, pour l'usage domestique, l'eau de Seine à l'eau de source. Nous savons ce qu'est l'eau de Seine. Le Service de l'assainissement nous en avait mis lui-même un échantillon sous les yeux. Il est prouvé par les statistiques qu'avec l'eau de Seine

L'aération est assurée par un vasistas muni d'un verre perforé, dont les effets peuvent être suspendus au moyen d'un carreau plein monté sur un châssis mobile qui s'y adapte exactement; au niveau du plancher, une prise d'air, qu'on ferme à volonté, au moyen d'une porte à coulisse.

c'est la fièvre typhoïde qu'on propage. Les médecins et les hygiénistes indépendants de toute école ont élevé la voix pour protester contre un tel état de choses. Les pouvoirs publics ont dressé et adopté des projets de nouvelles dérivations d'eau de source qui demanderont plusieurs années d'exécution. Puis, une fois acquis ce nouvel appoint, sera-t-il suffisant le jour où, par l'application des règlements, le tout à l'égout sera généralisé? Cette question des eaux renaîtra sans cesse si l'on ne s'assure pas pour l'avenir d'une quantité d'eau bien supérieure à la consommation prévue. Il y a une chose à laquelle il faut aviser au plus vite : c'est de conserver l'eau de source pour les usages domestiques, au lieu de la gaspiller au lavage des cabinets d'aisances. On répète souvent que Paris ne doit pas rester en arrière des autres cités et qu'il y a beaucoup à faire pour améliorer l'hygiène des habitations. Rien n'est plus vrai, mais encore faut-il avoir les moyens d'imiter ses voisins. Faire un trou pour en boucher un autre n'a jamais été une solution. On ne doit pas, sous prétexte d'hygiène, compromettre la santé publique.

Nous ne nous étendrons pas plus longuement sur les dangers de ce système, que nous avons déjà signalés dans une précédente brochure.

Pour cacher sous des dehors flatteurs les vices de ce système, l'Administration s'étend complaisamment sur des détails d'installation qui séduisent le public, mais qui n'ont pour les gens du métier qu'une importance secondaire. Le siège en bois amovible, les vasistas munis de verre perforé, les prises d'air au niveau du plancher, assurent la salubrité des cabinets, sans en être la cause première. Une bonne aération, même sans vasistas à verre perforé, une propreté exemplaire, des peintures solides, assurent la salubrité des cabinets tout autant que ces petits moyens plus fantaisistes que pratiques. Il n'est pas nécessaire d'être ingénieur sanitaire (c'est aujourd'hui une expression consacrée, dont on abuse parfois) pour s'apercevoir que tout ceci n'est qu'une affaire de bourse et de goût.

Il y a encore dans la notice une indication que nous ne devons pas passer sous silence. C'est le terrasson en plomb recouvrant toute la largeur du cabinet. On peut s'étonner qu'avec une cuvette avec siphon, sans mécanisme, par conséquent sans chance probable de fuite, on soit obligé de faire reposer cette cuvette et ce siphon sur un terrasson en plomb. Le modèle a été trop bien copié, car cette installation n'a sa raison d'être qu'avec des appareils dans lesquels la soupape d'alimentation est placée extérieurement, avec emploi du suffenbock, toujours susceptibles de fuir.

CABINETS D'AISANCES COMMUNS

Siége en grès émaillé d'une seule pièce, posé sur une cuvette de même nature, emboîtée elle-même sur un siphon obturateur en grès. Au-dessus, réservoir d'une contenance de dix litres, fonctionnant à la main. Caniveaux en carreaux de faïence pour les urines, avec retenue d'eau et siphon à la sortie. Chasses automatiques d'un réservoir fonctionnant à intervalles réguliers pour le lavage de ces caniveaux.

Tout ce que nous venons de dire au sujet du « tout à l'égout » pour les cabinets d'aisances d'appartement s'applique aux cabinets communs avec aggravation des chances d'engorgements et du gaspillage de l'eau. Il est fort à craindre qu'on jettera dans les cuvettes des ordures, des débris de cuisine ou de vaisselle; c'est une surveillance fort difficile à exercer. Le règlement dit bien que « la projection des corps solides, débris de cuisine, de vaisselle, etc., dans les conduites d'eaux ménagères et pluviales, ainsi que dans les cuvettes des cabinets d'aisances, est formellement interdite ». Tout ceci n'est que du verbiage administratif. Cet article du règlement restera lettre morte pour les gens mal intentionnés ou irréfléchis. Quant aux réservoirs de chasse automatiques, il faut les proscrire, du moment qu'on n'a pas assez d'eau de source pour les besoins journaliers de chaque habitant.

TUYAU DE CHUTE DE CABINETS D'AISANCES

En plomb de 95 millimètres de diamètre. L'usage du plomb s'explique par ses très grandes propriétés

L'usage de la fonte pour les tuyaux de chute est général. Cependant, on lui substitue, dans bien des cas, le plomb ou le grès.

Le plomb est plus lisse que la fonte; les matières glissent sur sa surface unie et ne forment pas ces agglomérats qu'on physiques ; il peut être courbé d'une façon quelconque dans le sens de ses mouvements. Il s'allonge sans rupture aux joints. Peu oxydable, il se travaille en bouts d'une très grande longueur, ce qui permet de supprimer un très grand nombre de joints.

remarque à l'intérieur des tuyaux de fonte; il est donc, à ce point de vue, plus salubre. Il est aussi moins oxydable; il s'allonge, sans se briser, sous les efforts de la dilatation; il est plus rebelle à l'action corrosive des urines; toutes ces qualités réunies plaident évidemment en sa faveur. Mais s'il est vrai qu'on peut le travailler facilement en bouts de grande longueur, le courber dans le sens de ses mouvements, il est vrai aussi, comme le dit M. S. Stevens Hellyer dans son ouvrage sur la plomberie au point de vue de la salubrité des maisons (1), dont s'est inspiré le Service de l'assainissement pour toute son exposition, que « quand les plombiers ne sont pas très habiles à courber un tuyau et à le joindre à la forte soudure, il serait sage d'employer un tuyau de chute en fonte ». C'est un demi-aveu des difficultés que présente, dans l'état des connaissances actuelles, le travail des tuyaux de plomb d'un fort diamètre.

Quant au grès (le Service de l'assainissement le préconise cependant, on l'a vu par la quantité de poterie étrangère répandue sur le marché de Paris), voici ce qu'en dit encore l'auteur précité : « Celui qui voudrait aujourd'hui employer le tuyau de grès comme tuyau de descente destiné à être fixé à l'intérieur des murs d'une maison d'habitation ou à l'extérieur, à moins de 30 ou 40 pieds (9 ou 12 mètres) d'une fenêtre, porte, ouverture de la maison, mériterait d'être renfermé dans une maison de fous. » Ainsi, malgré son prix modique, 1 fr. 65 cent. par mètre courant pour un tuyau de 10 centimètres, le grès doit être rejeté comme tuyau de chute.

Outre la question du travail, le prix déterminera le choix entre la fonte et le plomb. Un mètre de tuyau en plomb de

(1) *La plomberie au point de vue de la salubrité des maisons*, par S. Stevens Hellyer, traduit de l'anglais, publié sous le patronage de la Chambre syndicale des entrepreneurs de plomberie de la Ville de Paris, par M. Poupard aîné (pages 150 et 151).

95 millimètres en 5 millimètres d'épaisseur pèse 17 kil. 80. Au cours de 48 francs les 100 kilos, cela fait 8 fr. 55 cent. par mètre courant. Nous donnons là une épaisseur courante ; on peut, pour une commande de quelque importance, modifier l'épaisseur des tuyaux et diminuer ainsi quelque peu le prix du mètre courant ; mais on n'arrivera jamais au prix de la fonte, qui revient à 3 fr. 45 cent. par mètre de tuyau de 135 millimètres de diamètre intérieur.

Nous donnons ces prix comme renseignement pratique, sans prendre parti pour l'une ou l'autre espèce. Par les citations précédentes, nous avons fait voir que les circonstances seules doivent déterminer le choix du constructeur sur la matière à employer pour les tuyaux de chute.

Si l'on veut parer, autant que faire se peut, aux inconvénients provenant des engorgements toujours possibles, il faut, au point de jonction de plusieurs conduites, établir un regard de visite. L'Administration nous en donne un modèle complet. Il est inutile de dire que cette installation peut varier suivant l'importance et la disposition des locaux.

REGARD DE VISITE

Établi au point de jonction de plusieurs conduites pour permettre la surveillance et faciliter les dégagements. Les drains secondaires sont à une altitude un peu supérieure au drain principal pour éviter le reflux, qui donnerait lieu à des dépôts. Raccords suivant des lignes courbes dirigées dans le sens de l'écoulement. Glacis en ciment inclinés à 60 degrés et à arêtes vives pour effacer tous les angles intérieurs du regard.

Donner les moyens pratiques de faire disparaître les engorgements est une marque de sage prévoyance, mais c'est avouer aussi que ce système n'est, pas plus que les autres, à l'abri de ces inconvénients.

Il est aujourd'hui admis comme principe sanitaire que les tuyaux de vidange des bains, éviers, lavabos, doivent déboucher librement à leurs deux extrémités. La circulation d'air qui s'opère ainsi constamment, chassant l'air vicié de ces tuyaux, en assure la salubrité. Dans l'exemple présenté par le Service de l'assainissement, le tuyau de descente des eaux ménagères débouche *sur* la grille d'une entrée d'eau siphonnée. Une disposition préférable serait celle où le tuyau déboucherait *sous* la grille d'un bon siphon intercepteur d'égout. On éviterait ainsi les projections d'eaux savonneuses ou graisseuses et les amas d'ordures aussi désa-

TUYAU DE DESCENTE D'EAUX MÉNAGÈRES EN FONTE

Débouche librement à ses deux extrémités, ce qui assure la circulation constante de l'air. Au pied, une entrée d'eau siphonnée qui reçoit également le tuyau de décharge de l'évier du rez-de-chaussée. Elle est défendue contre les ordures par deux grilles mobiles dont les barreaux se contrarient.

gréables à la vue qu'à l'odorat. Ces tuyaux, ne recevant généralement pas de grandes chasses d'eau, il peut se former dans l'entrée d'eau trop largement siphonnée une mare d'eau remplie d'immondices, dont on a intérêt à restreindre l'étendue, en diminuant la capacité du siphon et en l'éloignant des ouvertures de l'habitation. Enfin, l'eau, n'arrivant que goutte à goutte, gèlera à l'orifice du tuyau jusqu'à complète obturation, si l'on n'a soin d'enterrer le siphon, pour que l'orifice du tuyau de vidange soit autant que possible à l'abri de l'air froid.

BAIGNOIRE AVEC COLONNE POUR DOUCHES

Disposée sur un terrasson en plomb (recouvert d'un parquet) permettant de recueillir les eaux qui pourraient s'en échapper, avec indique-fuite dirigé vers l'extérieur. Est munie d'un trop-plein branché sur le tuyau de vidange. Celui-ci est pourvu d'un siphon obturateur à fermeture constante, ventilé, qui empêche le retour des émanations que peut dégager la descente des eaux usées.

Nous ne nous étendrons pas sur les dispositions à donner aux postes d'eau, fontaines, bains. Tout ce qui a été dit, au sujet des éviers, lavabos et cabinets d'aisances, sur la ventilation et la plongée d'eau des siphons, s'applique à ces appareils. Nous devons cependant ajouter qu'un siphon de baignoire sera plus exposé à perdre sa plongée, s'il n'est bien ventilé, que les autres siphons, à cause de la force d'aspiration qu'exercent sur lui les bains vidés dans le tuyau principal.

A notre avis, le trop-plein devrait se déverser plutôt à l'extérieur, quand la chose est possible, que dans le siphon de la baignoire. Supposons, ce qui peut se présenter fréquemment, que le siphon perde sa plongée : les émanations du tuyau de vidange remonteront par le tuyau du trop-plein et se répandront dans l'appartement. De plus, par sa position à la partie supérieure de la baignoire, il peut ne pas fonctionner à chaque service et se recouvrir de matières savonneuses desséchées qu'un seul passage d'eau ne suffira plus à enlever. Pour toutes ces causes, il nous paraît plus prudent, les débordements, grâce à la capacité de la baignoire, étant moins à craindre, de supprimer totalement le trop-plein, qui peut trop souvent devenir plus nuisible qu'utile.

Il n'y a pas, en hygiène, de si petits détails qui ne puissent attirer l'attention des constructeurs soucieux d'assurer la salubrité d'une maison. Les papiers de tenture des appartements sont parmi ces petites choses dont on paraît généralement se soucier fort peu. Il vaut mieux parfois choisir des papiers peints d'un prix moyen, mais de bonne fabrication, que de rechercher le bon marché, qu'on n'obtient qu'aux dépens de la qualité de la marchandise.

PAPIER DE TENTURE
Doit être choisi avec soin parmi ceux qui ne renferment aucun produit toxique.

La question de l'éclairage est très importante et mérite qu'on s'y arrête. Le gaz est, à notre avis, un éclairage plus propre aux magasins, bureaux et ateliers qu'aux appartements. Il est vrai que, dans les habitations, il a souvent sa place dans les vestibules, cuisines, salles à manger, mais comme on ne séjourne pas longtemps dans ces pièces, les inconvénients de cet éclairage sont moins sensibles. La ventilation par les ouvertures naturelles de la maison est alors suffisante. Le gaz doit être proscrit des chambres à coucher. Pour les magasins et bureaux, la disposition indiquée par le Service de l'assainissement est excellente, mais elle n'est pas toujours possible. L'idéal serait l'éclairage électrique; mais, dans l'état actuel de la science, ce mode d'éclairage, trop coûteux, n'est pas pratique pour les habitations particulières.

BEC DE GAZ
Le fumivore est muni d'un petit tuyau qui conduit au dehors l'air échauffé et les gaz produits par la combustion.

L'éclairage et le chauffage sont deux branches très importantes de l'installation confortable d'une maison. Nous venons de voir comment le Service de l'assainissement a résolu le premier des deux problèmes. Quant au second, il n'a fait que l'effleurer. Il s'est contenté de nous donner, en regard de la cheminée de la maison insalubre, la même cheminée installée dans les conditions normales. C'est peu, quand, pour l'éclairage, on est allé jusqu'à la lumière électrique. L'Administration a-t-elle reculé devant l'étendue de la question, qui ne rentre pas encore dans ses attributions? Les fabricants d'appareils de chauffage jouissent d'une entière liberté; ils ne sont pas, comme les fabricants d'appareils de garde-robes, soumis à des règlements vexatoires. Il est encore permis

LUMIÈRE ÉLECTRIQUE
Ne dégage ni chaleur, ni gaz délétère; n'absorbe pas d'oxygène.

CHEMINÉE
L'air nécessaire à la combustion est pris dehors par un conduit ménagé dans l'épaisseur du plancher. Cette disposition active le tirage.

d'asphyxier son voisin sans que le Service de l'assainissement s'en émeuve. C'est montrer peut être un peu trop d'indifférence, quand, pour les appareils sanitaires, on s'est montré si sévère. L'enjeu, qui est la santé publique, est cependant le même des deux côtés.

De l'examen de ces deux types de maisons salubre et insalubre, ressortent deux choses principales : le parti pris du Service de l'assainissement contre tous les systèmes qui semblent s'éloigner des théories discutées qu'il professe; en second lieu, des jugements, chose plus grave, basés non sur la valeur même des appareils, mais sur les conditions, rendues défectueuses à plaisir, suivant lesquelles on les a installés. Certaines notices qui accompagnent les exemples sont si curieuses à lire, qu'il semble que, le plus souvent, le soin de les rédiger a été abandonné à un rédacteur qui y a apporté plus de fantaisie que de compétence. Les conclusions de l'Administration, allant du particulier au général, n'ont pas de valeur.

Notre prétention n'est pas de formuler des règles hygiéniques; nous laissons ce soin à d'autres, bien que, dans la science de l'hygiène, le bon sens et la pratique suppléent à la théorie.

Dans cette exposition, il y avait quelque chose à faire pour l'instruction de tous. Nous regrettons qu'au lieu de modèles pratiques, on ne nous ait offert que des installations exceptionnelles. Le seul enseignement qu'on pouvait tirer de cette exposition, c'est qu'on n'est pas près, dans l'état actuel des choses, d'avoir des maisons salubres. Ce n'était pas là, assurément, le but que s'était assigné le Service de l'assainissement.

L'Administration n'est pas seule à détenir les règles hygiéniques. On peut, en dehors d'elle, faire de l'assainissement. C'est de la bonne liberté qui porterait ses fruits, si on ne l'étouffait pas par des règlements absolus. Qu'on fasse appel à toutes les bonnes volontés; qu'on accepte toutes les améliorations d'où qu'elles viennent : l'industrie nationale, comme l'état sanitaire, y trouvera son profit. Ne décréter le fonctionnement général d'un système qu'après entière possession des moyens qui en assureront les résultats cherchés, doit être la seule règle d'une Administration soucieuse de la santé publique.

www.ingramcontent.com/pod-product-compliance
Ingram Content Group UK Ltd.
Pitfield, Milton Keynes, MK11 3LW, UK
UKHW012127240726
13965UKWH00005B/2015